BEI GRIN MACHT SICH IHR WISSEN BEZAHLT

- Wir veröffentlichen Ihre Hausarbeit,
  Bachelor- und Masterarbeit

- Ihr eigenes eBook und Buch -
  weltweit in allen wichtigen Shops

- Verdienen Sie an jedem Verkauf

Jetzt bei www.GRIN.com hochladen
und kostenlos publizieren

Extremwetterereignisse in Bayern. Ist der Klimawandel in vollem Gange?

(Unterrichtsentwurf, Geographie, Realschule Bayern, Klasse 9)

Leonard Rothenfeld

Bibliografische Information der Deutschen Nationalbibliothek:

Die Deutsche Nationalbibliothek verzeichnet diese Publikation in der Deutschen Nationalbibliografie; detaillierte bibliografische Daten sind im Internet über http://dnb.d-nb.de abrufbar.

ISBN: 9783389090473
Dieses Buch ist auch als E-Book erhältlich.

Geographisches Institut Bayreuth

Seminar: GD-A Geographiedidaktik Basismodul

Sommersemester 2021

UNTERRICHTSENTWURF

Thema: Extremwetterereignisse in Bayern – ist der Klimawandel in vollem Gange?

Studiengang: Lehramt Realschule Englisch/Geographie

4. Semester

Abgabetermin: 13.08.2021

Inhaltsverzeichnis

[Die Anhänge M2-4 sind aus urheberrechtlichen Gründen nicht im Lieferumfang enthalten.]

1. Situationsanalyse

Die 9. Klasse der sechsstufigen Realschule in Bayern besteht aus 20 Schülerinnen und Schülern (SuS). Davon sind acht männlich und zwölf weiblich. Das Klassenzimmer ist großräumig und die Tische der SuS normal als einzelne Bänke angeordnet, an denen immer zwei SuS Platz haben. Das Lehrerpult steht auf der Fensterseite des Klassenzimmers. Das Zimmer ist modern ausgestattet: Es beinhaltet ein Whiteboard, einen Beamer, eine ELMO-Dokumentenkamera und einen angeschlossenen Computer. Für das Whiteboard (und die Zeichenfunktion) sind bunte interaktive Stifte und ein Radierer angeschafft worden.

Das Klassenklima der 9B hat sich im Laufe des Jahres, nach anfänglichen Schwierigkeiten, merklich verbessert. Es gibt keine größeren sozialen Differenzen. Die meisten arbeiten SuS ehrgeizig, motiviert, aktiv und auf dem gleichen Niveau im Unterricht mit. Nur zwei Schülerinnen lassen sich des Öfteren voneinander ablenken und verpassen so die Anweisungen der Lehrkraft. Der direkte Sitznachbar der beiden Schülerinnen wiederrum ist besonders begabt und es bedarf hier nur wenig Lehrerlenkung. Das Verhältnis zwischen der Lehrkraft und den Schülern ist ein sehr positives lockeres, da die Lehrperson bereits viele Jahre die Geographielehrkraft dieser Klasse ist.

2. Einordnung in die Unterrichtssequenz

Diese Unterrichtsstunde ist gemäß dem LehrplanPLUS (9. Jahrgangsstufe) für die Realschulen in Bayern dem Lernbereich 2 „Klima und Klimawandel" zuzuordnen. In den Kompetenzerwartungen ist explizit von Extremwetterereignissen und den Auswirkungen des Klimawandels die Rede. Für den Lernbereich 2 sind circa 10 Stunden angedacht. Von diesen zehn Unterrichtsstunden entfällt die heutige auf die achte Unterrichtseinheit. In der Vorstunde haben sich die SuS mit dem natürlichen und anthropogenen Treibhauseffekt beschäftigt. Dabei lernten sie bereits für die heutige Stunde wichtige Auswirkungen dessen, wie beispielsweise Hitzewellen. Weiteres Vorwissen über Extremwetter erlangten die SuS in den vorherigen Stunden über „Stürme, Dürre und Hochwasser" (ISB 2021) was zentral für die heutige Unterrichtseinheit ist, da diese Themen erneut aufgegriffen werden. Die nachfolgende Stunde knüpft an die heutige an, indem sie sich mit der Klimapolitik beschäftigt, die im Sinne des Klimawandels aktuell gemacht wird.

3. Sachanalyse

Überall auf der Welt gibt es sie: Extremwetterereignisse. Sturmfluten, Tornados, Hurrikans, Hitzewellen, Starkregen, uvm. wüten von Zeit zu Zeit über die Erde und hinterlassen meist eine Spur der Verwüstung. Vor wenigen Wochen erst kam es in Bayern und anderen Teilen Deutschlands zu starken Überschwemmungen in Folge von anhaltendem Starkregen

Dass diese in den letzten Jahren vermehrt durch die anthropogene globale Erderwärmung auftreten, ist wissenschaftlich belegt (Schwanke u.a. 154). Der Mensch beeinflusst durch sein Handeln beziehungsweise Nicht-Handeln langfristig das Klima der Erde und somit auch die Vorkommen von Extremwettern. Auch wenn nicht jedes Ereignis auf den Klimawandel zurückzuführen ist, lässt sich doch ein Zusammenhang zwischen der Zunahme von extremen Wetterereignissen und der globalen Erwärmung herstellen (BMU). In Deutschland sind es vor allem „Stürme[], extreme[] Hitze und Trockenheit, Starkniederschläge[] und damit häufig einhergehende[] Überschwemmungen" (BMU o.S.), die die Gesellschaft bedrohen.

<u>Starke Stürme</u>

Für die Entstehung von Tornados ist die Wassertemperatur des Meeres von entscheidender Bedeutung. Die oberste Schicht muss mindestens 26 Grad Celsius betragen, damit diese Energie in Wind und Wellen umgewandelt werden kann (Schwanke u.al. 101). Je wärmer das Wasser dabei ist, desto langlebiger, größer und kräftiger werden die tropischen Stürme. Mit der anhaltenden Erwärmung der Erde steigt auch die Wassertemperatur und somit die Gefahr, dass diese neue Gebiete (einschließlich Europa) erreichen werden.

Wie Aufzeichnungen zeigen, wird Europa meist nicht von Einzelnen, sondern von einer Reihe an Winterstürmen heimgesucht. Zum Beispiel zur Jahrtausendwende, als gleich drei Stürme in kurzem Abstand über Europa hinwegzogen. Dies war der Tatsache geschuldet, dass der Winter eher mild war und deswegen kein Hochdruckgebiet als Schutzwall dienen konnte. In kalten Wintern dient ein Hochdruckgebiet über Europas Osten nämlich als eine Art Barrikade zwischen Atlantik und dem Kontinent. Im Zuge des Klimawandels und der damit einhergehenden Erwärmung der Erde werden auch die Winter verhältnismäßig wärmer und weniger Schnee wird fallen. Ohne den Schnee gibt es also kein Kältehoch und damit keinen Schutzwall mehr (Schwanke u.a. 92f).

Tropische Wirbelstürme werden künftig im östlichen Teil des Nordatlantiks entstehen, eben weil die Meeresoberflächentemperatur nun auch hier die erforderliche Mindesttemperatur erreicht (Haarsma 1783).

Während es in unseren Breiten eher selten zu vollwertigen Tropischen Wirbelstürmen kommt, wird es für die Regionen der Erde, die bereits jetzt anfällig für Stürme sind, zunehmend gefährlicher, denn durch die konstante Erhöhung der Meeresoberflächentemperatur erreichen nun mehr Teile des Ozeans die erforderliche Mindesttemperatur von 26 Grad Celsius, was dafür sorgt, dass sich das potentielle Enstehungsgebiet von Wirbelstürmen ausweitet, sie längere Strecken zurücklegen können und auch stärker werden (Schwanke u.a. 103).

Hitzewellen und Dürren

Auf Grund des Klimawandels werden auch Hitzewellen immer wahrscheinlicher. Die durch Treibhausgase verursachte globale Erwärmung sorgt für steigende Durchschnittstemperaturen und somit stärke, öftere Perioden extremer Hitze (ZDF). Neben direkten Auswirkungen auf den Menschen wie Hitzetode o.ä., hat anhaltende Dürre auch starke Folgen für die Lebensmittelversorgung (Wallace-Wells und Schmalen 56). Gerade der Getreideanbau, eines der wichtigsten Quellen für die Lebensmittelproduktion weltweit, leidet bei anhaltender Trockenheit besonders stark. Der Ernteertrag bricht stark ein, Existenzen hängen am seidenen Faden und Nutztiere sterben (Welthungerhilfe). Als Folge einer schlechten Ernte steigen auch die Preise am Weltmarkt, was vor allem Folgen für die ärmeren Bevölkerungsschichten im globalen Süden hat. Diese können sich zum einen nicht mehr selbst versorgen, da die Ernte nicht ausreichend ist, zum anderen reicht der Ertrag des Verkaufs nicht mehr zum Leben aus. Hungersnot und Armut machen sich breit. (ebd.)

Hochwasser

Wie seit Wochen in den Medien zu sehen ist, haben Extremwetterereignisse starke Auswirkungen auf die öffentliche Infrastruktur (Piel). Anhaltender Starkregen, der zu Hochwasser führt, setzt ganze Autobahnen unter Wasser, Schienen werden überflutet, Straßen werden zu reißenden Bächen (Tagesschau). Dies legt nicht nur die Wirtschaft vor Ort, sondern auch das soziale Leben lahm.

Auch wenn es wesentlich schwieriger ist, einen Zusammenhang zwischen Starkregenereignissen und dem Klimawandel herzustellen, sind sich nichtsdestotrotz viele Experten einig, das der menschengemachte Klimawandel Auswirkungen auf den Wasserkreislauf hat. Denn „ein Temperaturanstieg [führt] zu einer Intensivierung des Wasserkreislaufs, was sich in erhöhter Verdunstung, höherer Wolkenbildung äußern kann" (Hennegriff u.a. 770f.). Zusätzlich dazu wird sich die Niederschlagsmenge in unseren Breiten deutlich erhöhen, denn eine warme Atmosphäre kann wesentlich mehr Wasser in Form von Wasserdampf aufnehmen. Als Folge dessen kommt es vermehrt zu „sintflutartigen Regenfällen" (Schwanke u.a. 102).

Der Klimawandel hat auch einen großen Einfluss auf den Wasserhaushalt. Während in Hitzeperioden Wassermangel zu erwarten ist, kann auch Starkregen jederzeit für Probleme sorgen. Unter anderem kann das Grundwasser verunreinigt werden, was wiederum Auswirkungen auf die örtliche Frischwasserversorgung hat (UBA). Zudem führt eine erhöhte Wassertemperatur zur negativen Veränderung der Wasserbiologie (Deutscher Städtetag 17). Grundsätzlich hängt die von Überschwemmungen ausgehende Gefahr aber von den Eigenschaften des Flusses ab (Dümecke 45).

Immer wieder zeigen katastrophale Ereignisse wie die landesweiten Überflutungen vom Juli 2021, wie wichtig Hochwasserschutz ist. Bei der Planung auf regionaler Ebene sind von vornherein Rücklauf- und Abflussflächen für Wassermassen einzuplanen, sowie gegebenenfalls Staumöglichkeiten. Im Nachhinein ist es möglich, „technische Anlagen wie Deiche, Flutschutzwände und Dämme" (Dümecke 46) aufzubauen, die die potenziellen Schäden mindern. (UBA) Flächenversiegelung sollt wenn möglich verhindert werden, um die wichtige natürliche Versickerung nicht zu unterbinden, sowie „ausreichend breite Auen und Gewässerquerschnitte, [die] ebenfalls zur Reduzierung des Überflutungsrisikos beitragen [können]" (UBA). Frühwarnsysteme können zusätzlich helfen, Wasserpegel konstant zu überprüfen und im Ernstfall die Bevölkerung frühzeitig zu evakuieren (Deutscher Städtetag 18).

4. Didaktische Analyse

4.1. Gegenwartsbedeutung

Jeder Schüler weiß über den Klimawandel Bescheid. Kein Thema wird in den Medien, der Politik, auf internationaler Ebene mehr diskutiert wie der menschengemachte Klimawandel. Fast täglich werden neue Aspekte in Sachen Klimaschutz aufgeworfen. Spätestens seit den *Fridays For Future* Bewegungen ist auch deutlich, wie wichtig diese Thematik gerade für die junge Generation ist. Denn sie wissen um die Wichtigkeit des Planeten und die Tatsache, dass in der Gegenwart etwas für die

Umwelt getan werden muss. Sie besitzen die Fähigkeit, Ursachen und Auswirkungen des anthropogenen Klimawandels zu diskutieren, wobei die Verbindung zu Extremwetterereignissen eventuell teilweise noch nicht hergestellt werden kann. Mit diesen ist jeder Schüler im Laufe seines Lebens schon mal in Berührung gekommen. Seien es die Überschwemmungen aus der Region von vor ein paar Wochen, die Hitzewellen zuhause in Bayern oder Tornados aus Film und Fernsehen. Die SuS sind sich der Außerordentlichkeit dieser Events ebenso bewusst und können eventuell erste Extremwetterereignisse wie Hitzewellen der globalen Klimaerwärmung zuschreiben.

4.2. Zukunftsbedeutung

Gerade in der Zukunft, auch im Sinne der Bildung für nachhaltige Entwicklung, spielt der Klimawandel für die jungen Menschen eine Rolle. Wie mit dem Klimawandel im hier und jetzt umgegangen wird, hat Auswirkungen auf die spätere Welt, in der die Schüler*innen einmal leben werden. Aus diesem Grund auch setzen sich die SuS via *Fridays For Future* für eine lebenswerte Zukunft ein. Gerade deshalb ist es auch wichtig, diese Themen im Unterricht zu behandeln. Dabei sollte man ihnen auch aufzeigen, welche, vielleicht nicht für die SuS offensichtlichen, Gefahren der Klimawandel noch so mitbringt. Wie eben Extremwetterereignisse mit direkten Folgen für Mensch und Natur, also auch für die SuS.

4.3. Exemplarität

Die heutige Unterrichtsstunde verweist auf den allgemeinen Sachverhalt des Klimawandels und von Extremwetterereignissen. Gerade diese Wetterereignisse können exemplarisch als ein Problem des Klimawandels gesehen werden und eignen sich deshalb bestens als exemplarisches Beispiel für Probleme, die der anthropogene Klimawandel mit sich bringt. Gerade auf Grund der Aktualität ist es wichtig, den SuS das Thema der heutigen Stunde näherzubringen.

4.4. Struktur der Inhalte

Die nachfolgende Stunde beschäftigt sich mit der Klimapolitik in Deutschland und wie mit Hilfe dieser seitens der Regierung für den Umweltschutz beigetragen wird. Im Zuge dessen werden auch die Inhalte und Maßnahmen der heutigen Stunde aufgegriffen und mit gesetzlichen Regulierungen abgeglichen. Die Stunde beginnt mit einem Video zu den aktuellen Hochwasserereignissen um die SuS ins Thema einzuführen. Im Anschluss folgt ein Stationenlernen um den SuS zu ermöglichen, das Thema eigenständig zu erarbeiten.

4.5. Zugänglichkeit

Der erste Zugang wird über den Einstieg geschaffen. Das Video zeigt eine gegenwärtige Situation aus dem Alltag des SuS, von der einige vielleicht SuS sogar selbst betroffen sind. Der Alltagsbezug des Videos, sowie auch der Thematik an sich, sorgt für eine leichtere Zugänglichkeit und ein hohes Maß an Motivation bei den SuS. Gerade durch die Schülerbewegung Fridays For Future ist der Klimawandel bei vielen Jugendlichen ein Thema, mit dem diese sich intensiv beschäftigen, da es vor allem auch um ihre Zukunft geht. Durch diese Motivation, etwas zu ändern, sollte es den SuS nicht schwer fallen, in die Stunde einzusteigen.

5. Lehrplanbezug und Lernziele

<u>Lehrplanbezug:</u>

Für die 9. Jahrgangsstufe sieht der LehrplanPLUS für die Realschulen in Bayern im Lernbereich 2 (Klima und Klimawandel) hinsichtlich der Kompetenzerwartungen vor, dass die SuS „die Ursachen und Auswirkungen des globalen Klimawandels [...] [beschreiben und] meteorologisch bedingte [...] Extremereignisse in Deutschland [...] (Entstehung, Folgen und Schutzmaßnahmen) [analysieren]" (ISB 2021). Bezogen auf den Inhalt zu den Kompetenzen soll sich der Unterricht mit „Stürme[n], Dürre oder Hochwasser [, sowie] Klimaveränderungen durch den Menschen [und dem] natürliche[n] und anthropogene[n] Treibhauseffekt" (ebd.) beschäftigen. Genau hier setzt die heutige Stunde an. Sie beschäftigt sich mit den Wechselwirkungen zwischen dem Klimawandel und Extremwetterereignissen und dessen Auswirkungen auf die Erde, wie Hitzewellen, Hochwasser, Dürre, ...

<u>Lernziele:</u>

Grobziel: Die SuS setzen sich mit dem Zusammenhang zwischen Klimawandel und Extremwetterereignissen auseinander.

Feinziele:

TZ1: Die SuS stellen den Zusammenhang zwischen extremen Wetterereignissen und Klimawandel dar. (AFB 2 / KB F)

TZ2: Die SuS erläutern persönliche Erfahrungen im Zusammenhang mit extremen Wetterereignissen. (AFB 2 / KB K)

TZ3: Die SuS begründen Ursachen und Ausmaß von Hochwasser und verschiedene Schutzmaßnahmen. (AFB 3 / KB F)

TZ4: Die SuS begründen, dass Hitze und Dürre die Ernten verschlechtern und in der Folge die Lebensmittelpreise ansteigen. (AFB 3 / KB F

TZ5: Die SuS erklären, wie Wirbelstürme entstehen. (AFB 2 / KB F)

TZ6: Die SuS bewerten den umstrittenen Zusammenhang von starken Stürmen und dem Klimawandel. (KB 3 / KB B)

TZ7: Die SuS ordnen geographische Räume Extremwetterereignissen zu. (KB 2 / KB F)

6. Methodische Analyse

Der **Einstieg** in die Unterrichtsstunde geschieht über einen stummen Impuls in Form eines YouTube-Videos. Dafür spielt die Lehrkraft (L) das Video der Tagesschau (M1) über das Whiteboard ab. Das Einstiegsvideo über Starkregen wurde bewusst auf Grund seiner aktuellen Bedeutsamkeit, auch im Alltag der SuS, ausgewählt und wegen der besseren Anschaulichkeit der Auswirkungen bloßen Bildern vorgezogen, welche trotzdem alternativ hergenommen werden können. Die beiden Kernthemen des Videos (*Klimawandel* und *Extremwetter*) entsprechen Thematiken, die zum einen weltbedeutsam, aber auch vor allem in der Welt der jüngeren Generation eine Rolle spielen. Die SuS sollen nach dem aufmerksamen Schauen des Videomaterials im Lehrer-Schüler-Gespräch (LGS) die Kernbotschaft in eigenen Worten zusammenfassen. Dabei sollen sie erkannt haben, dass der Klimawandel verantwortlich für den Starkregen der vergangenen Wochen ist. Die L fragt so lange in der Klasse, bis die Lösung gefallen ist. Dies sollte aber nicht länger als 1 – 3 Schüler*innen dauern. Durch das Fragen ins Plenum werden alle SuS angesprochen, sodass keiner bewusst „abschalten" kann. Alle Schüler*innen werden aktiviert.

In der **1. Erarbeitungsphase** fragt die L ins Plenum, erneut im LGS, welche Extremwetterereignisse die SuS kennen oder selbst schon erlebt haben und welche Auswirkungen diese auf Mensch und Umwelt haben. Auf Grund der breiten medialen Abdeckung der Überflutungen der letzten Wochen, sollte hier als mögliche Antwort eben dieses Wetterereignis „Starkregen" und dessen Auswirkungen „Zerstörung von Häusern, Straßen, …" exemplarisch genannt werden. Weitere Antworten wie „Tornados", „Hagel" oder „Hitzewellen" und „Waldbrände" oder „entwurzelte Bäume" sind ebenfalls denkbar. Sollten die SuS nicht weiterwissen und keine Ideen mehr haben, zeigt die L alternativ als Gedankenanstoß Bilder aus dem Internet, die unter „Hochwasser aktuell" angezeigt werden.

Die L schreibt dann parallel über die Dokumentenkamera die Antworten der Schüler*innen mit, was gleichzeitig auch die **Sicherungsphase I** darstellt. So sollen lange Pausen zwischen den einzelnen Schülerantworten vermieden, und der Gesprächsfluss aufrechterhalten werden. Die SuS werden am Ende von mir aufgefordert, diese in ihr Heft zu übernehmen. Alternativ denkbar wäre eine bloße mündlich Sicherung, da einige Folgen im Laufe der Stunde erarbeitet werden. Damit die Antworten der SuS den SuS aber nicht irrelevant erscheinen, werden sie schriftlich festgehalten.

Die **Erarbeitungsphase II**, die gleichzeitig den Großteil der Stunde darstellt, ist als Stationenlernen aufgebaut. Hierfür legt die L die Arbeitsblätter M2 – M4 an ihrem Pult bereit. Alternativ könnte man die Stunde auch als Gruppenarbeit aufbauen und Schüler*innen zufällig in Gruppen einteilen. So würde vermieden, das Schüler*innen bei der Gruppenwahl sozial ausgeschlossen und Stationen unfair verteil werden. Zusätzlich würde die Zufälligkeit und somit auch die Gruppenarbeit an sich, die Klassengemeinschaft und die soziale Kompetenz der Teamfähigkeit stärken. Allerdings habe ich mich dieses Mal für das Stationenlernen entschieden, da dadurch differenzierter Unterricht möglich ist, die SuS selbstständiger arbeiten können und die Sozialkompetenz in der PA gefördert wird. Zudem birgt das Stationenlernen weniger Gefahren für Unruhen als die GA. Nach einer Einweisung über den Ablauf durch die L, dürfen sich nun die SuS selbständig zusammen mit dem Banknachbarn eine Station abholen. Um dies koordiniert durchzuführen, werden diese reihenweise nach vorne gebeten. Die SuS erarbeiten nun selbstständig und eigenverantwortlich ihre Antworten, weshalb auch diese Sozialform hier den anderen vorgezogen wird. Die SuS bekommen dabei die Aufgabe, die ABs inhaltlich zusammenzufassen und vor allem auf die Ursachen, Folgen und lokale Verortung zu achten. Zusätzlich der Hinweis, das nach 20 Minuten die Stationen gewechselt werden sollten. Der Übergang hier ist fließend und dient als Richtwert. Kein/ Schüler/in muss die Aufgabe abrupt abbrechen. SuS, die vor Ablauf der 60 Minuten fertig sind, bekommen als Binnendifferenzierung die Aufgaben auf den Arbeitsblättern.

Die L tritt während des gesamten Lernens in den Hintergrund, steht bei Fragen aber jederzeit zur Verfügung.

Die Ergebnissicherung (**Sicherung II**) erfolgt während der eigentlichen Erarbeitungsphase II. Die Ergebnisse der Stationen werden kontinuierlich ins Heft eingetragen. So geht am Ende keine unnötige Zeit verloren, wenn alle anderen SuS erst an diesem Punkt alle Stichpunkte mitschreiben sollten. Nach jeweils 20 Minuten können die SuS eine Musterlösung mit den wichtigsten Fakten markiert, abholen. Diese sind laminiert und, anders als die eigentlichen ABs, am Ende der L zurückzugeben. Alternativ könnten die Lösungen auch mündlich im Plenum verbessert werden, wogegen sich aber heute entschieden wurde, da in dieser 9. Klasse zu erwarten sein sollte, das die SuS einen Text zusammenfassen und auf bestimmte Stichwörter achten können. Zudem würde die anschließende Phase dadurch überflüssig werden.

Nachdem alle Stationen verbessert wurden, beginnt die **Gesamtsicherung**. Auf einer stationären großen Weltkarte im Erdkundesaal zeigt die L nacheinander auf die Orte Australien, Elbe, und subsaharische Gebiete und gibt einen Impuls durch die Frage: „Welches Wetterextrem ist hier zu erwarten?" „Wie entsteht es?" „Welche Auswirkungen hat es?". Im Plenum werden diese Fragen dann beantwortet. Diese werden im Lehrer-Schüler-Gespräch beantwortet. Die L dient hier nur als Moderator der Diskussion. Alternativ wäre eine Gesamtsicherung via Lückentext oder in Form eine Zuordnungsquizes möglich. Die mündliche Sicherung aber ist die effektivere Methode, da durch Reproduktion im Gespräch das Gelernte eher hängenbleibt.

7. Tabellarische Verlaufsskizze

L = Lehrkraft; S / SuS = Schülerinnen und Schüler; LSG = Lehrer-Schüler-Gespräch; AB = Arbeitsblatt

Phase	Lernziel	Inhalt	Aktionsform	Sozialform	Medien
Einstieg	LZ1	Zusammenhang zwischen Klimawandel und Extremwetter	Die SuS erschließen durch ein von der L gezeigtes Video, das der Klimawandel verantwortlich für die Überschwemmungen der letzten Wochen ist. Sie stellen sodann einen Zusammenhang zwischen dem Klimawandel und Extremwetterereignissen her.	Plenum	Beamer, Laptop, Video M1
Erarbeitungsphase 1	LZ2	Erste Extremwetterereignisse und seine Folgen	Auf Nachfrage durch die L nennen die SuS extreme Wetterereignisse, die sie schon kennen und/oder selbst erlebt haben. Daraufhin sollen mögliche Auswirkungen solcher Ereignisse genannt werden.	Plenum LSG	
Sicherung 1			Die SuS übernehmen die Antworten in ihr Heft.		Heft
Erarbeitungsphase 2	LZ3-6	Erarbeitung Extremwetter und seine Ursachen / Folgen	Stationenlernen (Hochwasser, Hitzewellen, Starke Stürme): Die SuS nehmen sich immer zu zweit eine Station mit an ihren Platz und bearbeiten das AB gemeinsam. Nach jeweils XY Min. sagt die L, dass die SuS zur nächsten Station wechseln sollten. Solange, bis alle SuS alle Stationen bearbeitet haben.	PA	AB M2 – M4,
Sicherung 2			Die SuS übernehmen die Musterlösung in ihr Heft.		Heft
Gesamtsicherung	LZ7	Festigung durch Weltkarte	Die L zeigt nun nacheinander auf der Weltkarte auf die Regionen Australien, Elbe, und subsaharische Gebiete, mit den Impulsfragen „Welches Wetterextrem hier zu erwarten ist?" „Wie entsteht es?" „Welche Auswirkungen hat es?". Im Plenum werden diese Fragen dann beantwortet.	LSG Plenum	Weltkarte

8. Literaturverzeichnis

Bundesumweltministeriums. „Extremwetterereignisse". *BMU*, 2018,
www.bmu.de/themen/gesundheit-chemikalien/gesundheit-und-
umwelt/gesundheit-im-klimawandel/extremwetterereignisse.

Deutscher Städtetag, Herausgeber. *Anpassung an den Klimawandel in den Städten -
Forderungen, Hinweise und Anregungen.* Springer, 2019.

Dümecke, Carolin, u. a. *Handbuch zur guten Praxis der Anpassung an den
Klimawandel.* KomPass, Kompetenzzentrum Klimafolgen und Anpassung,
2013,
www.umweltbundesamt.de/sites/default/files/medien/364/publikationen/uba_h
andbuch_gute_praxis_web-bf_0.pdf.

Hennegriff, Wolfgang, u. a. „Klimawandel und Hochwasser - Erkenntnisse und
Anpassungsstrategien beim Hochwasserschutz". *KA*, Bd. 53, Nr. 8, 2006, S.
770–79, www.accc.at/pdf/klimawandel_hochwasser.pdf.

ISB. „LehrplanPLUS - Realschule - 9 - Geographie - Fachlehrpläne". *ISB*,
www.lehrplanplus.bayern.de/fachlehrplan/realschule/9/geographie.
Zugegriffen 10. August 2021.

Piel, Hansjürgen Berlin. „Flutschäden bei der Bahn: Eine erste Bilanz". *Flutschäden
bei der Bahn: Eine erste Bilanz - ZDFheute*, 23. Juli 2021,
www.zdf.de/nachrichten/panorama/hochwasser-bahn-schaeden-gleise-
100.html.

Schwanke, Karsten, u. a. *Naturkatastrophen: Wirbelstürme, Beben,
Vulkanausbrüche - Entfesselte Gewalten und ihre Folgen.* 2., vollst. erw. u.
überarb. Aufl. 2009, Springer, 2009.

Tagesschau. „Neue Unwetter: Keller überflutet, Straßen unter Wasser".
tagesschau.de, 9. Juli 2021, www.tagesschau.de/inland/unwetter-
deutschland-135.html.

UBA. „Handlungsfeld Wasser, Hochwasser- und Küstenschutz". *Umweltbundesamt*,
19. November 2020, www.umweltbundesamt.de/themen/klima-
energie/klimafolgen-anpassung/anpassung-an-den-klimawandel/anpassung-
auf-laenderebene/anpassung-handlungsfeld-wasser-hochwasser.

Wallace-Wells, David und Elisabeth Schmalen. *Die unbewohnbare Erde: Leben nach
der Erderwärmung.* Deutsche Erstausgabe, Ludwig Buchverlag, 2019.

Welthungerhilfe. „Wetterextreme verschärfen Hunger". *Welthungerhilfe*,
www.welthungerhilfe.de/informieren/themen/klimawandel/wetterextreme-
klimawandel-folgen/#c19844. Zugegriffen 07. August 2021.

ZDF. „Hitzewelle nur durch Klimawandel möglich". *ZDF*, 8. Juli 2021,
www.zdf.de/nachrichten/panorama/hitzewelle-usa-kanada-klimawandel-
100.html.

9. Anhang

M1: https://www.youtube.com/embed/YAeTXvZwxEc

[Die Anhänge M2-4 sind aus urheberrechtlichen Gründen nicht im Lieferumfang
enthalten.]